电网企业
一线员工 作业一本通

10kV 配网不停电作业
——绝缘手套作业法更换直线杆绝缘子

国网浙江省电力公司　组编

中国电力出版社
CHINA ELECTRIC POWER PRESS

内 容 提 要

本书为"电网企业一线员工作业一本通"丛书之《10kV配网不停电作业——绝缘手套作业法更换直线杆绝缘子》分册,围绕现场作业篇、安全防护篇、施工质量篇等内容,对本作业项目的全套流程进行了规范和演示,对生产实践具有很强的实用性。

本书可供10kV配网不停电作业基层管理者和一线员工培训和自学使用。

图书在版编目(CIP)数据

10kV配网不停电作业:绝缘手套作业法更换直线杆绝缘子 / 国网浙江省电力公司组编. —北京:中国电力出版社,2016.11(2021.8重印)

(电网企业一线员工作业一本通)
ISBN 978-7-5123-9814-6

Ⅰ.①1… Ⅱ.①国… Ⅲ.①配电线路—带电作业—基本知识 Ⅳ.①TM726

中国版本图书馆CIP数据核字(2016)第228643号

中国电力出版社出版、发行

(北京市东城区北京站西街19号 100005 http://www.cepp.sgcc.com.cn)

北京九天鸿程印刷有限责任公司印刷

各地新华书店经售

*

2016年10月第一版 2021年8月北京第三次印刷

787毫米×1092毫米 32开本 3.5印张 81千字

印数1801—2300册 定价:**18.00**元

编 委 会

编　写　组

组　长　马振宇

副组长　周　兴　陈　伟

成　员　高旭启　周晓虎　钱　栋　许国凯　张捷华　林通龙　杨晓翔

　　　　　周利生　平　原　周明杰　赵鲁冰　施震华　章锦松

丛书序

国网浙江省电力公司正在国家电网公司领导下，以"两个率先"的精神全面建设"一强三优"现代公司。建设一支技术技能精湛、操作标准规范、服务理念先进的一线技能人员队伍是实现"两个一流"的必然要求和有力支撑。

2013年，国网浙江省电力公司组织编写了"电力营销一线员工作业一本通"丛书，受到了公司系统营销岗位员工的一致好评，并形成了一定的品牌效应。2016年，国网浙江省电力公司将"一本通"拓展到电网运检、调控业务，形成了"电网企业一线员工作业一本通"丛书。

"电网企业一线员工作业一本通"丛书的编写，是为了将管理制度与技术规范落地，把标准规范整合、翻译成一线员工看得懂、记得住、可执行的操作手册，以不断提高员工操作技能和供电服务水平。丛书主要体现了以下特点：

一是内容涵盖全，业务流程清晰。其内容涵盖了营销稽查、变电站智能巡检机器人现场运维、特高压直流保护与控制运维等近30项生产一线主要专项业务或操作，对作业准备、现场作业、应急处理等事项进行了翔实描述，工作要点明确、步骤清晰、流程规范。

二是标准规范，注重实效。书中内容均符合国家、行业或国家电网公司颁布的标准规范，结合生产实际，体现最新操作要求、操作规范和操作工艺。一线员工均可以从中获得启发，举一反三，不断提升操作规范性和安全性。

三是图文并茂，生动易学。丛书内容全部通过现场操作实景照片、简明漫画、操作流程图及简要文字说明等一线员工喜闻乐见的方式展现，使"一本通"真正成为大家的口袋书、工具书。

最后，向"电网企业一线员工作业一本通"丛书的出版表示诚挚的祝贺，向付出辛勤劳动的编写人员表示衷心的感谢！

国网浙江省电力公司总经理　肖世杰

前　言

为了不断提升10kV配电网的供电可靠性，减少停电检修给用户带来的影响，10kV配网不停电作业已逐渐成为配电网的主要检修方式。绝缘手套作业法是目前10kV配网不停电作业的主要作业方式，其具有较高的作业安全性和便利性，其中接支接线路引线、断支接线路引线、更换直线杆绝缘子是10kV配网不停电作业中最基本、最常见的作业项目，也是复杂作业项目拓展应用的前提和基础。为进一步提高10kV配网不停电作业一线员工的技能水平和作业安全性，国网浙江省电力公司组织编写了"电网企业一线员工作业一本通"丛书中的《10kV配网不停电作业——绝缘手套作业法接支接线路引线》《10kV配网不停电作业——绝缘手套作业法断支接线路引线》《10kV配网不停电作业——绝缘手套作业法更换直线杆绝缘子》三本图册，作为一线员工的培训教材。

在编写过程中，编写组按照作业项目的基本流程，在确定各环节规范要求的基础上，形成本书的文本内容。根据文本内容，编写组自编、自导、自演拍摄了大量的图片，对作业项目中杆上作业的主要危险点和施工质量进行预控说明和规范展示。特别是现场作业部分的图片拍摄请一线劳模专家实际演示，对作业项目的具体操作起到规范作用。

本书为《10kV配网不停电作业——绝缘手套作业法更换直线杆绝缘子》分册，着重围绕现场作业篇、安全防护篇、施工质量篇等内容，对本作业项目的基本作业流程、现场规范作业、现场安全行为、工艺质量等进行了规范和演示，具备很强的实用性。

本书的编写得到了杨晓翔、钱栋、许国凯、张捷华、林通龙等劳模专家的大力支持，在此谨向参与本书编写、研讨、审稿、业务指导的各位领导、专家和有关单位致以诚挚的感谢！

由于编者水平有限，疏漏之处在所难免，恳请各位领导、专家和读者提出宝贵意见。

本书编写组

2016年7月

目 录

作业线路装置概况

线路装置：架空绝缘导线单回路三角排列。

Part 1

现场作业篇主要针对绝缘手套作业法更换直线杆绝缘子作业项目，以工作流程为主线，对作业计划形成、作业现场勘察、前期准备、出发前准备、现场作业流程、资料归档各个环节的要点及注意事项进行详细阐述，为带电作业人员现场作业提供参考依据。

现场作业篇

一 作业计划形成

（一）作业需求报送

设备运维管理单位（用户单位）或检修（施工）单位根据带电作业实际需求报送带电作业需求单。

（二）列入作業計划

√　帶電作業實施部門應盡早安排現場勘察。

√　將可實施帶電作業的工作列入月、周作業計划。

（三）停用线路重合闸申请

如带电作业实施部门认为本作业项目需要停用线路重合闸的，则需提前一周向调控中心申请。

二 作业现场勘察

（一）现场勘察组织

√ 带电作业应组织现
　场勘察。

√ 现场勘察由工作负
　责人、设备运维管
　理单位（用户单位）
　和检修（施工）单
　位相关人员参加。

√ 填写现场勘察记录。

国网 XX 省电力公司 XX 供电公司

配网带电作业现场勘察记录

现场勘察记录格式（供参考）。

编号 _____

勘察单位（班组）：_____

勘察负责人：_____ 勘察人员：_____

1、工程名称：		工程联系人：
2、工作地段（注明线路双重命名及杆号）：		
3、工作任务：		
4、现场简图：应注明邻近、交跨的线路和交跨物情况（如：河流、道路、通信线、建筑物等）		
5、现场作业条件确认表		

序号	条件项	条件内容
1	作业方法	□绝缘杆 □绝缘手套
2	作业主体带负荷情况（带电时）	□带负荷 □无负荷
3	作业主体电压等级	□20kV □10kV □0.4kV
4	电气作业环境	□临近带电设备 □单一回路 □多回同杆 □高低压同杆
		□跨越弱电线路 □多回同杆部分线路停电
5	地域环境	□泥泞地带 □起伏山地 □交通道口或人口密集区
		□松土地带 □岩石/冻土地带 □偏僻山区 □临近地下管线
6	杆身杆高	□8m 以上 □8m 以下
7	杆型	□直线杆 □耐张杆 □转角杆 □T 接杆
		□终端杆 □直线 T 接杆 □直线耐张杆 □钢管塔

6、运行单位配合线路、设备情况：
7、其他主要危险点及防范措施：

记录人：_____ 勘察时间：_____年___月___日

（二）现场勘察要点一

线路装置是否符合带电作业条件

√　电杆及埋深、基础、拉线等是否符合要求；　　　√　主导线有无烧损情况；

√　待更换的绝缘子是否有缺陷情况；　　　　　　　√　作业点相邻两基电杆上导线固定是否牢固。

★如绝缘子有电气绝缘损坏、严重机械损伤、导线损伤超过总截面的 7%，严禁采用带电作业方式进行更换。

（三）现场勘察要点二

周围环境是否符合带电作业要求

应勘察作业现场条件和环境及其他影响作业的危险点，如绝缘斗臂车停放位置及车辆接地、绿化树木和交通的影响等。

（四）移交勘察记录

√ 现场勘察后，现场勘察记录应送交工作票签发人、工作负责人及相关各方，确定作业方式。

√ 现场勘察记录可作为填写、签发工作票和现场作业指导书的依据。

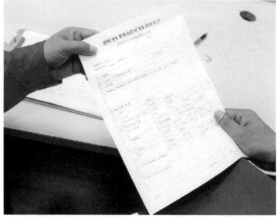

三 前期准备

（一）确定工作班成员

本作业项目需配置工作负责人1名、斗内电工1~2名、地面电工1名。

按照《国家电网公司带电作业工作管理规定》，持证人参加配电线路带电作业资质培训，经理论和技能考核合格，具备配电线路带电作业资质。

本证书自签发之日起至____年____月____月有效。

签发单位： 国家电网公司

签发日期：____年____月____日

国家电网公司监制

配网不停电作业资质证书
简单项目

2寸照片

姓名 _____ 性别 _____

身份证号 _____

工作单位 _____

证书编号：

人员要求

工作负责人应由具有带电作业资格和实践经验，并单位书面批准。工作班成员应取得作业资格，并经单位批准。

（二）填写工作票

√ 根据现场勘察记录，工作负责人在 PMS 系统填写现场勘察单和配电带电作业工作票。

√ 工作票应提前一天签发。

注意

一张工作票中，工作票签发人、工作许可人和工作负责人三者不得为同一人。

配电带电作业工作票格式

配电带电作业工作票

单位 ＿＿＿＿＿＿＿＿＿＿＿＿＿＿＿＿＿   编号 ＿＿＿＿＿＿＿＿＿

1. 工作负责人 ＿＿＿＿＿＿＿＿＿＿＿   班组 ＿＿＿＿＿＿＿＿＿

2. 工作班成员（不包括工作负责人）：＿＿＿＿＿＿＿＿＿＿＿＿＿

＿＿＿＿＿＿＿＿＿＿＿＿＿＿＿＿＿＿＿＿＿＿＿共＿＿人。

3. 工作任务

线路名称或设备双重名称	工作地段、范围	工作内容及人员分工	专责监护人

4. 计划工作时间：自＿＿年＿月＿日＿时＿分 至＿＿年＿月＿日＿时＿分。

5. 安全措施

5.1 调控或运维人员应采取的安全措施

线路名称或设备双重名称	是否需要停用重合闸	作业点负荷侧需要停电的线路、设备	应装设的安全遮栏（围栏）和悬挂的标志牌

5.2 其他危险点预控措施和注意事项：＿＿＿＿＿＿＿＿＿＿＿＿

＿＿＿＿＿＿＿＿＿＿＿＿＿＿＿＿＿＿＿＿＿＿＿＿＿＿＿＿＿＿＿

工作票签发人签名：＿＿＿＿＿   签发日期：＿＿＿年＿＿月＿＿日＿＿时＿＿分。

工作负责人签名：＿＿＿＿＿   ＿＿＿年＿＿月＿＿日＿＿时＿＿分。

6. 确认本工作票1～5项正确完备，许可工作开始。

许可的线路或设备	许可方式	工作许可人	工作负责人签名	许可工作的时间
				年 月 日 时 分
				年 月 日 时 分
				年 月 日 时 分

7. 现场补充的安全措施

＿＿＿＿＿＿＿＿＿＿＿＿＿＿＿＿＿＿＿＿＿＿＿＿＿＿＿＿＿＿

＿＿＿＿＿＿＿＿＿＿＿＿＿＿＿＿＿＿＿＿＿＿＿＿＿＿＿＿＿＿

8. 现场交底：工作班成员确认工作负责人布置的工作任务、人员分工、安全措施和注意事项并签名。

＿＿＿＿＿＿＿＿＿＿＿＿＿＿＿＿＿＿＿＿＿＿＿＿＿＿＿＿＿＿

＿＿＿＿＿＿＿＿＿＿＿＿＿＿＿＿＿＿＿＿＿＿＿＿＿＿＿＿＿＿

9. 工作终结

9.1 工作班人员已全部撤离现场，工具、材料已清理完毕，杆塔、设备上已无遗留物。

9.2 工作终结报告

终结的线路或设备	报告方式	工作许可人	工作负责人签名	终结报告时间
				年 月 日 时 分
				年 月 日 时 分
				年 月 日 时 分
				年 月 日 时 分

10. 备注

＿＿＿＿＿＿＿＿＿＿＿＿＿＿＿＿＿＿＿＿＿＿＿＿＿＿＿＿＿＿

＿＿＿＿＿＿＿＿＿＿＿＿＿＿＿＿＿＿＿＿＿＿＿＿＿＿＿＿＿＿

（三）编写现场标准化作业指导书

✓ 工作负责人应根据现场勘察的情况，考虑作业中的技术难点、重点及危险点，编写现场标准化作业指导书。

✓ 现场标准化作业指导书应提前一天审核批准。

现场标准化作业指导书格式

编号：Q/DDZY00×

绝缘手套作业法更换直线杆绝缘子

更换 10kV × 线 × 号杆直线杆绝缘子

编写：_____ ____年__月__日

审核：_____ ____年__月__日

批准：_____ ____年__月__日

作业负责人：_____

作业日期：___年_月_日_时至___年_月_日_时

1. 范围
2. 规范性引用文件
3. 人员组合
4. 工器具
4.1 装备

√	序号	名称	规格/编号	单位	数量	备注

4.2 个人安全防护用具

√	序号	名称	规格/编号	单位	数量	备注

4.3 绝缘遮蔽用具

√	序号	名称	规格/编号	单位	数量	备注

4.4 绝缘工具

√	序号	名称	型号/规格	单位	数量	备注

4.5 金属工具

√	序号	名称	型号/规格	单位	数量	备注

4.6 仪器仪表

√	序号	名称	型号/规格	单位	数量	备注

4.7 其他工具

4.8 材料

√	序号	名称	规格/编号	单位	数量	备注

5. 作业程序
5.1 开工准备

√	序号	作业内容	步骤及要求

5.2 操作步骤

√	序号	作业内容	步骤及要求

6. 工作结束

√	序号	作业内容	步骤及要求

7. 验收记录

记录检修中发现的问题
存在问题及处理意见

8. 现场标准化作业指导书执行情况评估

评估内容	符合性	优		可操作项	
		良		不可操作项	
	可操作性	优		修改项	
		良		遗漏项	
存在问题					
改进意见					

9. 附录

四 出发前准备

（一）召开班前会

√ 由工作负责人主持；

√ 确认工作班成员身体状况和精神状态良好；

√ 工作班成员熟悉工作票内容；

√ 学习现场标准化作业指导书；

√ 熟悉现场作业流程、安全措施和技术措施等。

（二）出车前准备工作

√ 检查车辆的启停及信号
  指示正常；

√ 检查车辆油位正常；

√ 检查车辆胎压正常；

√ 检查车辆上装部分完好
  无损等；

√ 做好车辆表面清洁工作。

检查启停及信号

检查胎压

检查上装

表面清洁

（三）准备工器具和材料

登记

出库

装箱

√ 工作班成员准备作业所需的工器具和材料。

√ 工器具应试验合格且在有效期内，并办理出库手续。

√ 已出库的绝缘工器具应装袋或装箱，防止受潮和损坏。

√ 绝缘工器具和金属工器具不得混放。

（1）本作业项目所需的装备和主绝缘工具有绝缘斗臂车、绝缘绳、高压验电器。

绝缘斗臂车   绝缘绳   高压验电器

（2）本作业项目所需的个人绝缘防护用具有绝缘安全帽、绝缘服（绝缘披肩或绝缘袖套）、绝缘手套（防刺穿手套）、绝缘鞋（靴）、安全带。

绝缘手套（下）
和防刺穿手套（上）　　　　　绝缘鞋（靴）

绝缘服（绝缘披肩）

安全带　　　　　　　　　绝缘安全帽

21

（3）本作业项目常用的绝缘遮蔽用具有导线遮蔽管、绝缘毯及毯夹。

导线遮蔽管 [（3m）6 根]

绝缘毯（7块）、毯夹（14 只）

（4）本作业项目所需的仪器仪表有绝缘电阻检测仪、温湿度计、风速仪、工频高压发生器、对讲机。

绝缘电阻检测仪

温湿度计

工频高压发生器

风速仪

对讲机

（5）本作业项目所需的其他工器具有防潮垫、个人常用工具、钢卷尺、护目镜、望远镜、工具袋（箱）、清洁布、安全围栏、标示牌、路障。

| 望远镜 | 安全围栏 | 工具箱 |

| 防潮垫 | 常用工具 | 在此工作 |

| 钢卷尺 | 护目镜 | 标示牌 | 路障 |

绑扎线

（6）本作业项目所需的材料有绝缘子、绑扎线、绝缘自粘带。

绝缘子

绝缘自粘带

五 现场作业流程

（一）现场复勘

（1）核对工作线路双重名称、杆号无误。

（2）检查线路装置应具备带电作业条件。

√　电杆及其埋深、基础、
　　拉线等应符合要求；

√　待更换的绝缘子应无严
　　重缺陷情况；

√　导线应无损伤情况；

√　作业点相邻两基电杆上
　　导线的固定应牢固。

检查相邻电杆导线固定情况

检查线路装置

（3）检查作业点周围环境应符合作业要求。

（4）检查气象应符合带电作业要求。

√ 现场作业前，须进行风速和湿度的测量；

√ 风力大于 5 级，或湿度大于 80% 时，不宜带电作业；

√ 若遇雷电、雪、雹、雨、雾等不良天气，禁止带电作业。

湿度测量

风速测量

（5）检查工作票和现场作业指导书所列安全措施，必要时补充安全技术措施。

（二）工作许可

√ 本作业项目，工作负责人应与值班调控人员或运维人员联系。

√ 若需停用线路重合闸，应向值班调控人员履行许可手续。

调控值班员您好：我是带电班工作负责人×××，今天我班组准备在10kV××线×号杆进行带电更换直线杆绝缘子工作，计划工作时间为×年×月×日×时×分至×年×月×日×时×分，现向您申请停用10kV××线重合闸。

您好：我是调控值班员×××，10kV××线重合闸已退出，许可时间为×年×月×日×时×分。

（三）布置作业现场

1. 装设围栏和标示牌

√ 城区、人口密集区或交通道口和通行道路上施工时，工作场所周围应装设遮栏（围栏）。

√ 在相应部位装设"在此工作!"标示牌。

√ 必要时，派人看管。

2. 现场围栏的设置范围要求

√　应考虑道路的正常通行;

√　应考虑绝缘斗臂车的停放和专用接地线的设置;

√　应考虑工作中绝缘臂的旋转范围和绝缘斗挑出的范围;

√　应考虑防潮毯（垫）和工器具现场摆放等。

3. 在通行道路上作业时应设置交通警告标志

√ 对有道路隔离带的，在道路前方 30 ~ 50m 处；

√ 对无道路隔离带的，在道路前后方 30 ~ 50m 处。

4. 绝缘斗臂车的现场停放要求

√ 应选择适当的工作位置，支撑应稳固可靠；

√ 应避免停放在沟道盖板上；

√ 软土地面应使用垫块或枕木，垫放时垫板重叠不超过2块，呈45°；

√ 停放位置如为坡地，停放位置坡度应不大于7°，绝缘斗臂车车头应朝下坡方向停放。

5. 绝缘斗臂车接地

√ 绝缘斗臂车的车体应使用不小于 16mm² 的软铜线良好接地；

√ 临时接地体埋深应不小于 0.6m。

6. 工器具的摆放

作业现场应将使用的带电作业工具分类整理摆放在防潮的帆布或绝缘垫上，以防脏污和受潮。

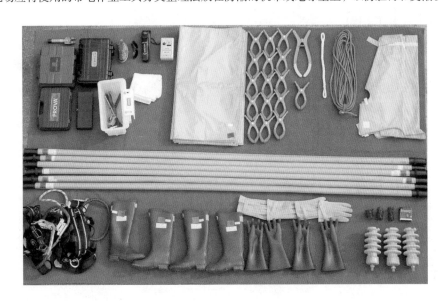

（四）现场站班会

现场站班会内容
√ 检查工作班成员身体情况和精神状态是否良好；
√ 检查工作班成员的着装等穿戴是否符合要求；
√ 向工作班成员交代工作内容、人员分工、现场安全措施和技术措施，并告知作业中的危险点；
√ 工作班成员履行签名确认手续。

查着装

交底

分工

签名

（五）检测工器具

1. 对工器具进行擦拭和外观检查

√ 用清洁布对绝缘工器具进行擦拭；

√ 检查绝缘工器具无变形损坏；

√ 检查绝缘防护用具无针孔、砂眼、裂纹等；

√ 检查手工工具操作灵活。

2. 检查绝缘手套和高压验电器

√ 绝缘手套在使用前要压入空气，检查有无针孔缺陷。

√ 用高压验电器自检按钮检查正常。

√ 用工频高压发生器确认高压验电器良好。

绝缘手套压气检查   高压验电器检查

3. 检测绝缘工具的绝缘电阻

√　应使用 2500V 及以上的绝缘电阻检测仪。

√　检测电极要求：极宽 2cm、极间距 2cm。

√　绝缘电阻值不得低于 700MΩ。

√　需检测的绝缘工具有绝缘绳、绝缘绳套。

注意
（1）绝缘电阻检测仪使用前，应自检合格。
（2）绝缘电阻测试人员应戴绝缘手套。

4. 检测新绝缘子

√ 对新绝缘子进行表面清洁和检查，表面应无麻点、裂痕等现象。

√ 用绝缘电阻检测仪检测绝缘子的绝缘电阻应不低于500MΩ。

5. 绝缘斗臂车试操作

√ 操作人员应在斗臂车下方操作位置空斗试操作一次。

√ 确认液压传动、回转、升降、伸缩系统工作正常、操作灵活,制动装置可靠。

6. 汇报检测结果

√ 工器具检测完毕后，应向工作负责人汇报检查结果。

√ 对现场检测不合格的工器具不得在带电作业中使用。

（六）作业准备

1. 安装绝缘小吊装置

√ 小吊装置应两
人同时安装。

√ 安装后应检查
能正常使用。

2. 将工器具搬移至绝缘斗内

注意

√ 绝缘毯应用毯夹加以固定；

√ 小件工器具宜放在专用的工具袋（箱）内；

√ 放置在绝缘斗内的绝缘工器具应防止人员踩踏。

3. 穿戴个人绝缘防护用具

规范穿戴

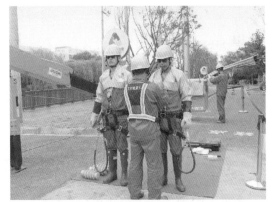

工作负责人检查

√ 作业人员应在地面穿戴妥当绝缘安全帽、绝缘鞋（靴）、绝缘服（绝缘披肩、绝缘袖套）、绝缘手套及防刺穿手套、安全带等。

√ 穿戴完毕后，由工作负责人进行检查。

4. 安全带冲击试验

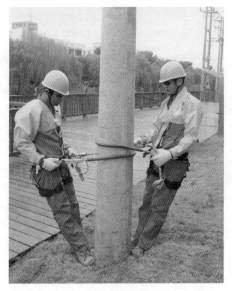

冲击试验

√ 作业人员应对安全带做冲击试验。

√ 进入绝缘斗内，首先应系好安全带。

系好安全带

（七）作业步骤

1. 验电

具体步骤

√　通过验电器自检按钮检查其良好；

√　验明横担等确无漏电。

注意

（1）伸缩式验电器的有效绝缘长度应大于 0.7m。

（2）将验电结果报告工作负责人。

（3）如横担等有漏电，建议将线路改为热备用后进行
　　　带电作业更换。

2. 设置内边相绝缘遮蔽措施

√ 应遵循先带电体后接地体、从大到小、由近到远的原则。

√ 遮蔽的部位及顺序：两侧导线、扎线部位及绝缘子、横担（分别见图①、图②、图③）。

注意

（1）绝缘斗应停在内边相导线的内侧。

（2）遮蔽导线时，应避免导线大幅度晃动。

（3）绝缘遮蔽组合的重叠距离不得小于15cm。

3. 设置外边相绝缘遮蔽措施

√ 应遵循先带电体后接地体、从大到小、由近到远的原则。

√ 遮蔽的部位及顺序：两侧导线、扎线部位及绝缘子、横担（分别见图①、图②、图③）。

注意

（1）绝缘斗应停在外边相导线的外侧。

（2）遮蔽导线时，应避免导线大幅度晃动。

（3）绝缘遮蔽组合的重叠距离不得小于 15cm。

4. 设置中相绝缘遮蔽措施

√ 应遵循先带电体后接地体、从大到小、由近到远的原则。

√ 遮蔽的部位及顺序：两侧导线、扎线部位及绝缘子、杆顶装置。

注意
（1）设置导线遮蔽时，绝缘斗可穿档或停在边相导线外侧作业。 （2）遮蔽导线时，应避免导线大幅度晃动。 （3）绝缘遮蔽组合的重叠距离不得小于15cm。

导线遮蔽

遮蔽完成

工作斗穿档设置中相绝缘遮蔽措施的图示

5. 更换中相绝缘子

具体步骤	注意
（1）放下吊绳，设置绝缘绳套并与吊钩连接，使其轻微受力（见图①）； （2）打开扎线部位的绝缘遮蔽措施（见图②）； （3）拆除绝缘子绑扎线（见图③）。	（1）导线遮蔽管的开口应朝上。 （2）吊绳的受力方向应在铅垂线上。 （3）绑扎线的展放长度应小于 10cm。

具体步骤

（4）略微吊起导线，恢复导线上的绝缘遮蔽措施（见图④）；

（5）收起绝缘吊绳，提升导线至离绝缘子 0.4m 以上（见图⑤）；

（6）拆除杆顶装置的绝缘遮蔽措施（见图⑥）。

电网企业一线员工作业一本通

10kV配网不停电作业——绝缘手套作业法更换直线杆绝缘子

具体步骤

（7）更换绝缘子（见图⑦）；

（8）恢复绝缘子及杆顶装置的绝缘遮蔽措施（见图⑧）；

（9）下放导线，打开绑扎部位绝缘遮蔽措施（见图⑨）。

具体步骤

（10）在主导线上用绝缘自粘带缠绕（见图⑩）；

（11）进行绝缘子绑扎（见图⑪）；

（12）恢复绝缘子扎线部位的绝缘遮蔽措施（见图⑫）；

（13）撤除绝缘绳套，收起吊绳（见图⑬）。

6. 更换外边相绝缘子

√ 绝缘斗应停在外
边相导线的外侧。

√ 更换方法与更换
中相绝缘子相同。

7. 更换内边相绝缘子

√ 绝缘斗应停在内边相导线的内侧。

√ 更换方法与更换中相绝缘子相同。

8. 拆除中相绝缘遮蔽措施

√ 应遵循先接地体后带电体、从小到大、由远到近的原则。

√ 拆除顺序：杆顶装置、扎线部位及绝缘子、两侧导线。

√ 绝缘斗可穿档或停在边相导线外侧作业。

√ 拆除导线遮蔽时，应避免导线大幅度晃动。

①

②

③

9. 拆除外边相绝缘遮蔽措施

√ 应遵循先接地体后带电体、从小到
大、由远到近的原则。

√ 拆除顺序：横担、扎线部位及绝缘
子、两侧导线。

√ 绝缘斗应停在外边相导线的外侧。

√ 拆除导线遮蔽时，应避免导线大幅
度晃动。

10. 拆除内边相绝缘遮蔽措施

√ 应遵循先接地体后带电体、从小到大、由远到近的原则。

√ 拆除顺序：横担、扎线部位及绝缘子、两侧导线。

√ 绝缘斗应停在内边相导线的内侧。

√ 拆除导线遮蔽时，应避免导线大幅度晃动。

11. 工作结束

√ 完工后，作业人员应检查工作地段的状况，确认无遗留物。

√ 经工作负责人许可后离开作业区域。

√ 斗内作业人员落地后，方能摘下个人绝缘防护用具。

完工后检查

摘下个人防护用具

（八）现场收工会

√ 工作负责人组织召
开现场收工会。

√ 对本次工作的施工
质量、安全措施落
实情况、规程执行
情况进行总结和点
评工作。

（九）工作终结

工作终结手续

√　作业结束后，工作负责人应及时向值班调控人员或运维人员汇报，并终结工作票。

√　如停用线路重合闸的作业，应向值班调控人员申请恢复线路重合闸。

调控值班员您好：我是带电班工作负责人×××，我班组在10kV××线路×号杆带电更换直线杆绝缘子工作已经完成，人员已撤离，线路装置符合运行要求，现可以恢复10kV××线重合闸。

您好：我是调控值班员×××，10kV××线重合闸已恢复，终结时间为×年×月×日×时×分。

（十）清理场地

清理场地

√ 工作班成员整理工具、材料，将工器具清洁后放入专用的箱（袋）中。

√ 清理现场，做到工完料尽场地清。

六　资料归档

　　工作负责人将现场勘察记录单、工作票、现场标准化作业指导书移交给资料保管员。

　　资料保管员进行资料归档，并保存一年。

及时移交作业资料，并归档

Part 2

安全防护篇主要针对绝缘手套作业法更换直线杆绝缘子作业过程中的安全防护要求，旨在规范带电作业中的危险点防控，避免在带电作业中引起人身伤害，为布防带电作业的安全措施提供参考依据。

安全防护篇

一 防高空坠落

（1）绝缘斗臂车的支撑应稳固可靠，机身倾斜不得超过制造厂的规定，应有防倾覆措施。

支腿未完全伸出时的作业范围

支腿完全伸出时的作业范围

（2）进入绝缘斗应系好安全带，防止作业时人体重心偏移引起高空坠落。

（3）作业人员和工器具的总重量不得超过绝缘斗的额定载荷 200kg。

二 防物体打击

（1）检查电杆及埋深、基础、拉线等符合要求，防止倒杆。

检查基础

检查埋深

（2）作业人员应将斗内工器具加以固定，避免引起高空落物。

（3）作业时，地面人员禁止站在绝缘斗臂车的工作臂、绝缘斗的下方。

（4）作业时，地面人员禁止站在作业落物区的范围内。

（5）当绝缘子有机械损伤时，在导线转移前应有防止绝缘子碎裂引起高空落物的防护措施。

（6）绝缘斗臂车操作时，应注意周围观察，绝缘斗的起升、下降速度不应大于 0.5m/s，斗臂车回转时，作业斗外缘的线速度不应大于 0.5m/s，防止绝缘斗及人员与周围物体发生碰撞。

应注意周围观察

三 防触电伤害

（1）禁止线路有接地故障或漏电时带电更换绝缘子作业，防止导线脱离绝缘子时电弧伤人。

（2）绝缘斗臂车应可靠接地，防止地面人员可能引起接触电压触电。

（3）斗内作业人员应按要求穿戴个人绝缘防护用具。带电作业过程中，禁止摘下绝缘防护用具。

（4）作业人员在带电体上直接作业时，绝缘臂的有效绝缘长度应不小于1m。

（5）绝缘斗臂车的金属部分在仰起、回转运动中，与带电体间的安全距离不得小于 0.9m。

（6）对带电导线进行绝缘遮蔽时，人体应与横担等地电位物体保持 0.4m 以上、与邻相保持 0.6m 以上的安全距离。

导线遮蔽时与横担不足 0.4m

（7）拆除绑扎线和绝缘子绑扎时，带电导线应有防止滑脱的后备保护。

（8）作业时，绑扎线的展放长度应小于10cm，防止与电杆等构件的安全距离不足而引起放电。

扎线展放过长，与地电位安全距离不足

（9）横担等地电位构件应绝缘遮蔽到位，防止拆除扎线和绑扎时与地电位构件引起安全距离不足。

横担等地电位构件应遮蔽到位

（10）导线的提升高度应不小于0.4m，避免在拆装绝缘子时人体长期碰触导线遮蔽用具。

导线提升
高度不足0.4m

（11）导线提升后应对导线绝缘遮蔽到位，防止更换绝缘子时与带电体的安全距离不足。

导线遮蔽不到位

（12）新绝缘子安装后，应对绝缘子及地电位构件进行有效绝缘遮蔽后，导线才能下放。

地电位未遮蔽就下放导线

两人同时在不同电位物体上作业

（13）绝缘斗上双人带电作业，禁止同时在不同相或不同电位作业，并应同时注意与其他电位物体间的安全距离。

（14）拆除带电导线绝缘遮蔽时，人体应与横担等地电位物体保持 0.4m 以上、与邻相保持 0.6m 以上的安全距离。

Part 3

施工质量篇主要针对绝缘手套作业法更换直线杆绝缘子作业过程中的施工质量及工艺要求，旨在规范带电作业人员施工质量，减少由此引起的线路运行隐患和故障率，为带电作业的施工质量提供参考依据。

施工质量篇

一 绝缘子绑扎工艺（一）

绝缘子顶部绑扎法操作步骤分解示意图

二　绝缘子绑扎工艺（二）

绝缘线与绝缘子接触部分应用绝缘自粘带缠绕，缠绕长度应超出绑扎部位或与绝缘子接触部位两侧各 30mm。

三 绑扎线要求

　　绝缘子绑扎线应使用直径不小于 2.5mm 的单股塑料铜线，长度应不小于 2.2m。

四 绝缘子安装规定

（1）安装应牢固，连接可靠，防止积水；

（2）安装时应清除表面灰垢、附着物及不应有的涂料；

（3）绝缘子线槽方向应与导线方向一致。